U0320524

ZUNGUI DE XUEHUA

尊贵的雪花

王燕平 张超 著

重庆大学出版社

图书在版编目（CIP）数据

尊贵的雪花 / 王燕平，张超 著. -- 重庆 : 重庆大学出版社，2017.10
ISBN 978-7-5689-0257-1

Ⅰ. ①尊… Ⅱ. ①王… ②张… Ⅲ. ①雪-普及读物
Ⅳ. ①P426.63-49

中国版本图书馆CIP数据核字（2016）第274950号

尊贵的雪花

王燕平 张 超 著

责任编辑：梁 涛 柏子康 版式设计：杨松岩 绘图：吕 洁
责任校对：邹 忌 责任印制：张 策

*

重庆大学出版社出版发行
出版人：易树平
社址：重庆市沙坪坝区大学城西路21号
邮编：401331
电话：（023）88617190 88617185（中小学）
传真：（023）88617186 88617166
网址：http://www.cqup.com.cn
邮箱：fxk@cqup.com.cn（营销中心）
全国新华书店经销
重庆共创印务有限公司印刷

*

开本：889mm×1194mm 1/32 印张：4.25 字数：144千
2017年10月第1版 2017年10月第1次印刷
ISBN 978-7-5689-0257-1 定价：48.00 元

清晨，零星小雪飘落京城，雪花落在乌黑的冰面上如同贵州少数民族的蜡染作品。每一片雪花都精美绝伦，肉眼便可以看见它们的细微结构。雪后不久，北京的天空渐渐放晴，深夜时我们看到了满天的繁星。

这个有雪花有星辰的日子非同寻常，这天我们的宝宝降临人间。

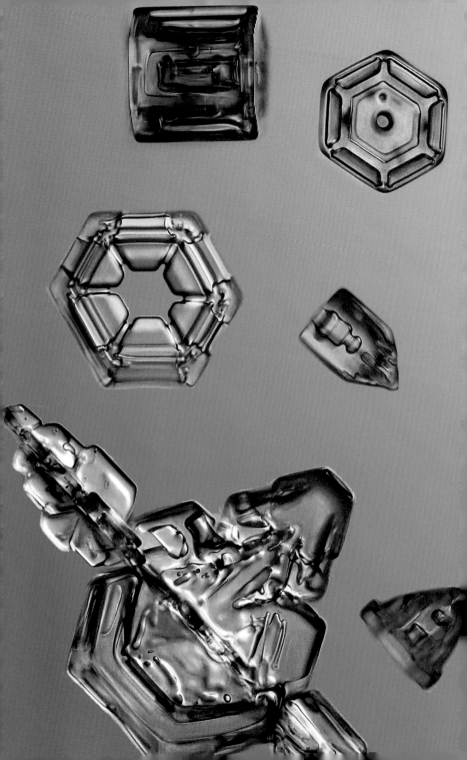

目 录

1

雪花的故事

一枚来自吉林省长春市的雪花

　　雪花是什么？它从哪里来？为什么会有如此独特的形态？这些问题，即使是北方见惯了下雪的人们，也不一定回答得出来。在人们的印象中，雪花是大气中的水汽被冷冻之后飘落下来的，听上去好像只是个很简单的凝华过程。然而，每一片小小的雪花都包含无数精妙的细节，且每一片都有着与另一片不一样的形态。看来，雪花的形成并不这么简单。

　　越是奇妙的事物，越会早早地吸引人们去研究，尤其是那些对人们来说司空见惯的日常事物，雪花就是这样一个典型的例子。很早的时候就有科学家开始探寻雪花的秘密，也正是他们的钻研，使得如今我们对雪花的认识更加清晰和完善。这些科学家中，不乏天文学家、物理学家，甚至是数学家。

西方国家的雪花研究历史

西方国家最早关于雪花的科学文献是1611年出版的《六边形雪花》，作者名叫约翰纳斯·开普勒（Johannes Kepler），就是发明了著名的开普勒三定律的德国天文学家。天文学家的眼界从来都不局限于宏观的宇宙，开普勒是用科学的眼光去观察并仔细研究雪花六边形对称结构的第一人。

《六边形雪花》一书中，开普勒仔细探究了雪花为何总是呈现六角对称形态，并与植物开出的6个瓣的花朵进行了比较，试图找出其中的关联。他注意到，当把一些球体紧密堆叠到一起的时候，会形成六边形对称结构，于是他推测雪晶形态的形成可能也和这一过程相似。他曾试着从原子的角度解释雪花六边形的成因，但最终没能得出什么具体的结论。开普勒认识到，雪花的形态和尺寸，取决于雪晶的形成机制及其他不同因素的影响。

雪花晶体对称性的起源是个很有趣的问题，开普勒认识到了这一点，但同时也承认，就已有的科学水平来讲，根本无法解答这一问题。优秀的科学家总是敢于承认自己无知并在求知的道路上继续前行，开普勒正是这样一位优秀的科学家。由于技术和设备的限制，在他那个时期，雪花晶体对称性的问题确实无法得到解答。直到300年后，X射线晶体学诞生，这一问题才得以解答。

精确描述雪花晶体结构的第一人，是法国哲学家兼数学家勒奈·笛卡尔，他最具代表性的至理名言是"我思故我在"。不少人知道他在哲学和数学领域的成就，却少有人知道他在大气科学方面也颇有建树。他被雪花完美的几何结构深深地吸引，通过肉眼观察雪花记下了许多精细的笔记，其中包含一些对罕见的冠柱晶、十二瓣雪花以及星状晶的描述。

关于雪晶的六边形对称结构，笛卡尔认为是最初不规则晶体被统一堆叠在一起所致。他还猜想，雪晶中原初的无序部分以及突出部分会在生长过程中融化，填充到原本不规则的结构中，最终形成平整的、对称的规则结构。笛卡尔的工作促使人们认识到，雪花形态与大气因素之间是有关系的。

"这些小小的薄冰片，是如此平整，如此光滑，如此透明，厚度比一张纸还薄，却有着完美的六边形结构，六边形当中的每一个边都是那么的平直，6个角的大

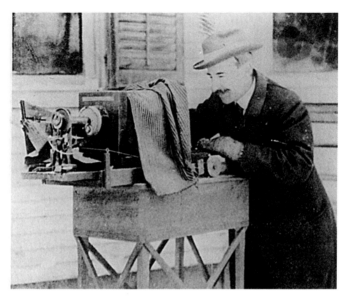

工作中的威尔森·本特利

小也完全一样……人类绝不可能制作出这样精细的东西。"

　　"我很难想象，在有着强风的大气之中，每个晶粒如何精确地长出6个对称的齿轮形结构。后来我终于意识到，正是风把晶粒带到云层的上部或者下部并让它们在那里停留，每一个平面都被6个其他的晶粒包围着，于是晶粒在那种环境下不得不长成一种独特的形状。"——笛卡尔，1635。

　　17世纪中叶，显微镜的发明使得雪花的观测研究迅速升温。英国博物学家罗伯特·胡克（Robert Hooke）功不可没，他用自己设计制造的显微镜，把所有能拿到显微镜下观看的东西都看了个遍，并一一画下了它们的模样。1655年，他把这些观察绘图出版，名为《显微图志》，书中包含了很多雪花图绘，并首次揭示了雪花错综复杂的对称结构。罗伯特·胡克为后人开辟了一条崭新的道路，如今人们能看到那么多精美的显微雪花，都得益于他的这一伟大发明。

　　19世纪50年代，英国气象学家詹姆斯·格莱舍（James Glaisher）草绘了151种雪晶形态，他的妻子依照这些草图重新绘制了更为精细的版本，并最终发表在他们1855年出版的雪花研究文献中。这些图片绘制得十分精细，以至于乍一看就好像是雪花的显微照片似的。

同期，即19世纪中叶，照相机诞生了。当所有人都纷纷忙碌着用相机记录下眼前所见的人物和景物的时候，美国一位名叫威尔森·本特利（Wilson A. Bentley）的青年却在一门心思地琢磨如何拍出显微照片来。他自制了一套独特的设备，把照相机和显微镜连接起来。功夫不负有心人，1885年，他成功地拍出了第一张雪花显微照片，那一年，他20岁。自此，雪花显微摄影成了他一生所爱。那之后的46年里，他运用老式的玻璃底片拍摄了5 000多张雪花照片。精美的雪花照片被陆续发表出来，很多从未见过雪花的人们终于有机会目睹雪花内部的形态，纷纷感叹道"太不可思议了"。也正是这些雪花照片，让人们认识到，世界上没有两片完全一样的雪花。

日本的雪花研究历史

日本对雪花的观察记录，始于显微镜发明之后。雪花精妙的形态深受人们喜爱，江户时代的许多幅浮世绘作品中，女子服饰上都满是各种美丽的雪花图案。

18世纪60年代，日本铜版画先驱司马江汉绘制的一组显微镜观雪花图中，除了六瓣雪花和不规则形状雪花，还出现了十二瓣和二十四瓣雪花，他认为雪花的瓣数都以6的倍数出现。就多分支雪花的罕见度来讲，那个年代有这样的记录实属珍贵。

真正对雪花晶体进行系统性研究的第一人，是日本一位核物理学家，名叫中谷

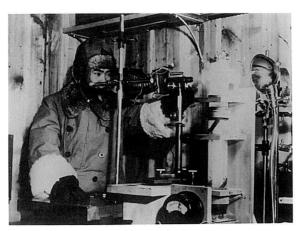

工作中的中谷宇吉郎

女子服饰上布满美丽的雪花图案——溪斋英泉（Keisai Eisen）作品

宇吉郎（Nakaya Ukichiro），他的研究向人们揭示了雪花晶体是如何形成的。1932年，中谷宇吉郎在日本北海道被委以教授职位，研究核物理学。不过，他任职的地方并没有核物理研究设备，反倒时常下雪，于是他决定将研究精力转投到雪花晶体上。与本特利不同，中谷宇吉郎并不是只着眼于那些极其精美和对称的雪花，他关注的雪花类型更丰富、更广泛。

天然雪花可研究的时间毕竟有限，对于天时的要求较高。中谷宇吉郎想，如果能在实验室里研究雪花就好了，只需要控制好环境条件就行了。不过，要实现这一点，着实有难度。自然界的雪花从大气层飘落下来经历了一段很长的路程，要想在实验室里造出雪花来，岂不是也要"制造"一段"很长的路程"？这个问题不好解决，他又琢磨出别的研究点来——在精细的线上悬挂单个正在生长的晶体，看看每个晶体会怎样变化。这项研究也经历了许多失败，各种"线"都被试验过了，统统不行，总是会结霜。直到最后，兔毛上场，首个人工制造的雪花自此诞生，它远比自然界的雪花还要对称和完美，推翻了笛卡尔所说"人类绝不可能制作出这样精细的东西"的言论。

中谷宇吉郎尝试了让雪花在各种不同的环境温度和湿度中生长。他发现，雪花的形态与生长环境密切相关，尤其是环境温度。例如，－2 ℃的时候，会形成简单的片状晶，但在－5 ℃的时候，就会出现针状晶。此外，他还发现，雪花形态的复杂性随着环境湿度的增大而增大。湿度低的时候，形态就是最基本的六边形结构。

通过对实验室生成的人造雪花的研究，中谷宇吉郎把自己在雪花形态学方面的成果制成了一幅图——雪花形态图，用以详细揭示各种温度和湿度条件下生成的雪花形态。反之，人们可以根据自己看到的雪花，对照中谷宇吉郎的图表，反推雪花的生长环境。因此，有人把雪花比作天空来的使者，将云端的信息带给我们。

中谷宇吉郎的大量研究成果在1954年被发表出来，这是一本名为《雪晶：天然的和人造的》的书。书中内容涵盖大量精美图片资料，以及中谷宇吉郎提出的雪花系统分类。从物理学角度来说，他的分类方法对于天然形成的雪花晶体可谓是最完美的分类法。

人们为纪念中谷宇吉郎，在其家乡（日本石川县加贺市）潮津町修建了一座雪花科学馆，建筑本身由三座六边形塔组成，以展示雪晶的特点。雪花科学馆内有专门的影厅放映中谷宇吉郎科学精神的影片；有展厅展示中谷宇吉郎的生平、研究成果及在国际冰雪协会当中的活动；有模拟的低温实验室，让大家感受当年中谷宇吉郎的工作环境，观众还可在这里观看三维雪晶的放大效果；此外还有专门的体验区，供观众自己制作冰晶。在商品售卖区，观众还能买到用真实雪花制成的小纪念品。

有前辈奠定的坚实基础，加上地利的优势，使得北海道大学在雪花研究方面保持着优良的传承。曾在北海道大学读书或者任教的人中，不少人在这方面作出过突出的成就，下面简单介绍其中的两位。

日本昭和时代后期的物理学者小林祯作（Teisaku Kobayashi），自20世纪40年代末开始便在北海道大学低温科学研究所工作，后曾担任物理学部的系主任。他的突出成就在于校验并改进了中谷宇吉郎的雪花形态图。他利用扩散云室使冰晶在兔毛上生长，并改进实验技术，最终解决了梅森（曾任英国气象局局长的云物理学家）等人1958年所提出的"冰晶形状随温度变化表"中一个明显的矛盾。

1960年，小林祯作获得日本气象学会奖，他的工作也得到了全世界的认可。获梅森教授邀请，他曾去伦敦皇家高等院校学习一年多，对雪晶生长机制的研究也更为深入。

此外，在多分支雪花（十二瓣、十八瓣、二十四瓣）的形成机制方面，小林祯作也有自己的见解。他认为，多分支雪花并不是多片六瓣雪晶巧妙重叠并粘连在一起形成的（雪晶聚合理论），而是双晶旋转的结果。

菊池胜弘（Katsuhiro Kikuchi）是北海道大学另一位有突出成绩的雪花研究工作者，他着重研究特殊形态的雪花。在多分支雪花形成机制方面，他们进行了大量的多方位拍摄，从而获得雪花的立体结构，进行统计之后得出，符合小林祯作"双晶旋转理论"的多分支雪花极少，他们认为雪晶聚合理论更有可能是多分支雪花的形成机制。

20世纪80年代，菊池胜弘对低温型雪晶进行了大量观测和实验研究。其中，对于曾在较低温条件下（−25 ℃）才可观测到的特殊形态雪晶——"孪生御币型"雪晶，依据立体结构模型和旋转双晶模型，提出了较为合理的形成机制理论。所谓御币，就是日本神道教仪礼中献给神的纸条或布条，串起来悬挂在直柱上，折叠成若干之字形。

中国的雪花研究历史

西方历史上的科学发现，事后有不少都被证实在中国古籍中早有记载。雪花的研究也是如此。中国的文人雅客们留下的诗句中，咏雪的有很多，这里列出一些有代表性的。

唐代著名武将高骈的《对雪诗》中这样写道："六出飞花入户时，坐看清竹变琼枝。"这里"六出飞花"指的就是雪花，可见，早在那时中国人就已经认识到雪花是六边形的。

对中国这样一个历来重视农业的大国来说，古书中对雪的记载倒是真能找到不少。宋代韩琦的《咏雪诗》里说："六花来应腊，望雪一开颜。"说的是他见到腊月以前下雪，深知对农业生产有利，于是感到非常欢喜。

李时珍《本草纲目》中，引用汉代刘熙对"腊雪"的注解："雪，洗也。洗除瘴疬虫蝗也。凡花五出，雪花六出，阴之成数也。"

类似这样的记载还有很多，西方研究者也普遍承认，最早用文字记载雪花六边

形结构的国家是中国。不过，他们一般认为最早的文字是公元前135年韩婴的《韩诗外传》，其中有一句是"凡草木花多五出，雪花多六出，其数属阴也。"

这些文字记载，都只说了雪花是六边形的，但并未说出个所以然。虽然最早用文字记载"雪花六出"这个自然现象的是中国，但科学的解释还是要归功于西方科学研究。我国近几十年来一直有与雪花相关的研究工作，只是因为学科限制，还没有进入到公众的视线中。

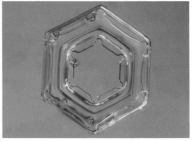

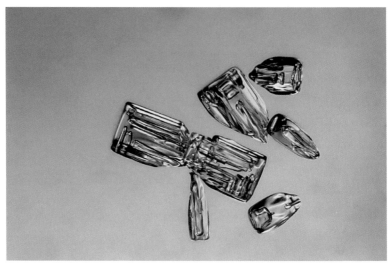

六边形和棱柱状、子弹状冰晶

2

千变万化的雪花

雪花的形成——分形与随机的杰作

雪花之所以惹人喜爱，无非两点：每朵雪花乍看上去规则整齐，像早已商量好似的，大家长得基本一般模样；但若细看，每朵雪花变换纷繁复杂，都有独具匠心的设计。这两点真是让收集癖的人欲罢不能。

雪花为何有此种特点？让我们跟随大师们一探究竟。20世纪50至60年代的日本，出现了一批著名的"雪花人"——以中谷宇吉郎为首的北海道大学学者们专注于低温水结晶的研究。他们最终做出了两张图，其中一张是雪花家族谱系图，基本上我们常见的雪花都可以用这张家族图来对号入座；另一张是雪花形态图（雪花形态与温度、水蒸气供给量的关系图），展示的是雪花的生长历史，它告诉我们为何雪花出落得规规矩矩而又千奇百怪。

水分子结构

水的分子结构决定了其六边六角的特性。我们日常观测到的大部分雪都是单个晶体，是云中的小冰晶长大之后降落下来的。在一定的气象条件下，也会有几个甚

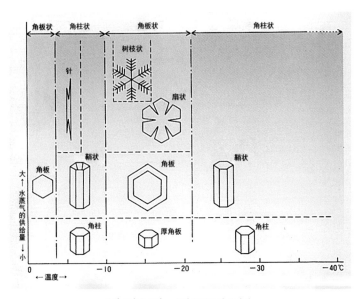

雪花形态与温度、水蒸气供给量的关系

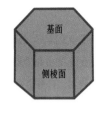

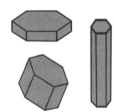

水结晶构造图

最简单的六边形、六棱柱雪晶

至上百个雪晶成簇降落下来，形成鹅毛大雪。地面上观测到的雪晶往往有着复杂的纹理，尺寸一般都在0.5 mm以上，而云中的冰晶则通常小于0.3 mm，而且形状比较简单。

自然云层中形成的冰晶，在过饱和大气中，会由于水汽向冰晶增长面扩散而使冰晶生长，并以简单几何形状的单体（如六棱柱体或者六边形板状晶）出现。为何生长后的雪晶几何形态以六重对称为主？这要追溯到水分子自身的结构特性。在这之前，让我们先来认识晶体的概念。

内部原子或者分子规则排列的物质，在科学定义上可归为晶体。在晶体世界中，最典型、最"有灵性的"就要数冰了。它有十几种稳定或者近似稳定的类型，每一种类型中，水分子堆叠成固体的方式都是不一样的。水结成冰并不是只有六方晶系一种形式，还可能形成四方晶系或者无定形的形式。它们绝大多数都只在极其低温或者极其高压的条件下才可存在，唯独一种类型例外。

这种不受极端条件限制的常规类型，即我们常遇到的气温、气压条件下的冰晶，叫作"Ih型冰晶"（其中I代表冰"Ice"，h代表六边形"hexagonal"）。X射线晶体学研究发现，其基本形态是水分子堆叠形成的六边形晶格。上方左图中红色的小球表示氧原子，灰色的细杆代表氢原子。每个水分子包含一个氧原子、两个氢原子。

Ih型冰晶的晶格是六重对称的，因而雪晶的最基本形态也是具有六重对称结构的六边形。上方右图中六边形雪晶具有2个六边形基面和6个矩形侧棱面，比较小的雪晶通常都是这种形态。当六边形雪晶比较短粗时，即是常见的六边形板状晶；反之，若比较细长，则是柱状晶。这两种类型的雪晶具有相同的基本结构，只是基面和侧棱面的生长速度有差异。

在不同的云中，冰晶浓度有很大的差异。云中的温度、冰核浓度以及气团自身性质不相同，因而冰晶最终长成的雪晶也是千差万别的。在过冷云中，一旦产生冰晶，就会由于水汽的凝华而迅速增长。曾有研究表明，在 - 15 ℃的过冷云中，一个小冰晶能在半小时内由凝华长成一个2 mm的大雪晶。至于冰晶到底在哪一个面上优先增长，取决于增长时的环境条件。

雪花的生长

水的分子结构决定了其六边六角的特性，但晶体究竟哪里优先生长，长得快慢，这些都需要由环境来决定。倘若雪花生长的环境水汽并不充足，生长便会比较缓慢，6个角6条边生长速度差异不大，最后还是呈现六边形的样子。如果雪花周围水汽超级充足，那么它就进入快速生长模式，6个尖角比6个平边更容易接触到水分子，生长也会更迅速，于是长出了有芒有角的形状。由此可见，呈"花"状的雪花，基本是在水汽充足的环境下长大的。

雪花的形状除了受到水汽影响，与温度的关系也密不可分。冰晶生长过程中，先往哪个方向生长，是由温度决定的。在冰晶很小的时候，基本都是六边形的小片，如果温度低于 - 20 ℃，那么它倾向往厚的方向生长；在 - 20 ~ - 10 ℃，它倾向往扁的方向生长。同样，在 - 10 ~ - 5 ℃，它又倾向往厚的方向生长；而在 - 5 ~ 0 ℃，它又倾向往扁平方向生长。虽然稍微看起来麻烦些，但我们把温度划分为4段之后，基本就可以掌握雪花的生长规律了。

有了一定的水汽量和一定的温度，能不能长出雪花还不一定。如果在冰箱中冻半瓶水，瓶盖下方垂一根针，用不了多久，一枚"雪花"便在针尖附近长出来了，形如松树。等等，不应该是雪花吗，怎么又变松树形了？原来，在冰箱冻出来的雪花一般只有一瓣，而不是我们心目中那种六个瓣的。冰箱中有适宜的水汽量和温度，但却很难实现云层中水自由结晶的状态，因而极难形成六瓣的雪花。同样的情况在北方的窗花中也存在，由于室外寒冷，室内水汽充足时便可在冰冷的玻璃上冻出窗花，窗花一般都如叶脉般自由伸开，很少能形成单个的晶体，这也是由于玻璃表面细微的不均匀造成的。

云端的使者

雪花之所以奇妙，不仅仅在于其对称性，更在于其生长出非常复杂的形态之后依旧能保持对称性。我们根据看到的雪花形态，也可以反推它落下的过程中所经历的大气条件：若是雪晶较小且形态单一，说明云层较薄；若是雪晶有结霜，说明穿过了含有较大过冷水滴的过冷云；若是鹅毛大雪，则说明雪晶通过温度高于－15 ℃的云层，这一层风很小或者无风。总之，雪晶能给我们带来许多高空气象信息，根据综合雪晶的形状、大小、下落速度、增长速度等，可以推算云层的厚度。因而，有人把雪晶比作探空仪；也有人说，雪花就好像来自云端的明信片，把天上的信息带给我们。

假如下雪时恰巧有一片精美且形态对称的大雪晶降落到你的深色手套上，让我们一起来反推一下，看看它的一生经历了怎样的生长过程。

这片雪晶诞生时是一个微小的冰核。初期的生长非常迅速，它很快就变成了一个完美的小六边形晶体。之后的幼年期，它来到一片湿度适中、温度－15 ℃的云中，在这里它长成了六边形板状晶。青春年少时，它突然被吹入一片湿度很大的云中，充足的水汽供应使雪晶的6个角分别长出了小的分支。由于这一变化非常突然，所以6个角长出分支是同时发生的。随后，它又被吹入其他的云中，外界条件的变化，使得它的形态继续发生相应的变化，对于6个瓣来讲，总是同时感知到变化，所以长出一样的结构。这片雪花变得越来越大，也越来越精美，最终它的质量变得足够大，便从云中缓慢飘落下来，降落到你的手套上。至此，我们也就不难明白，雪花之所以6个瓣会长出一样的形态，说明它们"经历了同样的历史"。也就是说，虽然雪花在飘落过程中经历各种气流，但只要每一次气流的变化对于6个瓣的影响是同时发生的，是一样的，那最终形成的6个瓣必然是一样的形态。

雪花的分类

　　雪花的分类，一定程度上取决于认识雪花的角度。而且不管怎么分类，最终总有些雪花会被弄混，总有些雪花你不知道把它们归到哪一类更合适。雪花又确实是有明确的类型区别的，所以需要给它们进行分别命名，这样也便于进行后续研究。

　　鉴于有些晶体的物理性质还没弄清楚，雪花的分类并没有唯一的标准。早期对雪晶的分类大同小异，但都重点关注规则的或者形态简单的晶体，因而雪晶通常被分为板状晶、柱状晶，以及二者的结合体。

国际分类法

　　1951年，国际冰雪委员会对固态降水提出了一套国际分类标准。这套系统把雪花晶体主要分为7类：板状晶、星形晶、柱状晶、针状晶、立体枝状晶、冠柱晶、不规则冰晶。这套系统比较精巧简单，因而被广泛使用。不过从另一个方面讲，这种分类又有些过于简单，不够丰富有趣。后来，又有3种分类被补充进来，分别是：霰（或软雹）、小冰丸（冻雨）、冰雹。每一种不同的类别，都有相应的编号和简化图形与之对应。

　　此外，依据雪花形态是否破损或结霜，又有附加特征的区分：m（破损的）、r（结霜的）、f（薄片形）、w（潮湿的）。根据雪晶尺寸不同又可细分为5类。

　　a（0~0.49 mm）、b（0.5~0.99 mm）、c（1.0~1.99 mm）、d（2.0~3.99 mm）、e（4.0 mm或更大）。例如，较大的星形雪晶，用国际分类法表示就是2fe；中等尺寸、结霜的板状晶，则是1rc。见雪花的国际分类图所示。

中谷分类法

　　日本物理学家中谷宇吉郎是对雪花进行系统分类的第一人，无论是对常见的规则雪花，还是不规则雪花，甚至是自然界非常罕见的雪花，他都本着一视同仁的态度。在1954年中谷宇吉郎的著作《雪晶：天然的和人造的》中，他把雪花分成了41种形态类别，并用字母与数字的组合来表示，例如，简单针状晶表示为N1a等。从物理学的角度来说，中谷宇吉郎的分类方法，对自然形成的雪花晶体可谓是最完美的分类法。相比国际分类法，中谷宇吉郎的分类则更为细致和系统，对于每一种大的

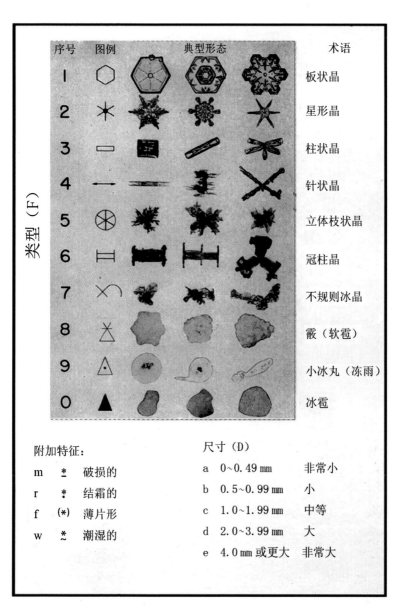

序号	图例	典型形态			术语
1					板状晶
2					星形晶
3					柱状晶
4					针状晶
5					立体枝状晶
6					冠柱晶
7					不规则冰晶
8					霰（软雹）
9					小冰丸（冻雨）
0					冰雹

类型（F）

附加特征：

m ⁎ 破损的

r ⁑ 结霜的

f (⁎) 薄片形

w ⁓ 潮湿的

尺寸（D）

a 0~0.49 mm 非常小

b 0.5~0.99 mm 小

c 1.0~1.99 mm 中等

d 2.0~3.99 mm 大

e 4.0 mm 或更大 非常大

雪花的国际分类

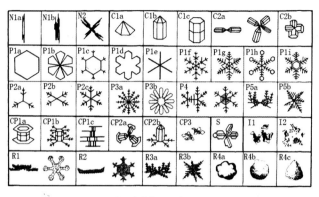

中谷宇吉郎的雪花分类

类别都进行了细分。以板状晶为例，在中谷分类法当中被细分为5大类，包括：

P1：沿一个晶面生长的规则板状晶；P2：具有不规则数目分支的雪晶

P3：十二瓣雪晶　　　　　　　P4：畸形雪晶

P5：板状晶分支的立体积聚

其中，P1类又被细分为：

P1a：简单板状晶　　　　　　P1b：扇形分支的雪晶

P1c：具有简单延伸结构的板状晶　P1d：宽枝雪晶

P1e：简单星形雪晶　　　　　P1f：普通树枝状雪晶

P1g：蕨叶状雪晶　　　　　　P1h：末端有板状冠的星形雪晶

P1i：有树枝状延伸结构的板状晶

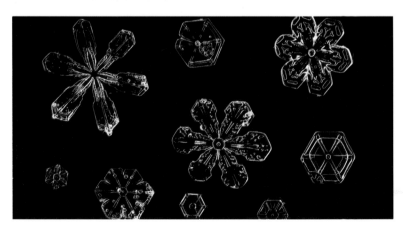

孙野长治和李柾雨分类法（简称孙李分类法）

20世纪50年代，日本气象学家孙野长治（Choji Magono）和他的同事们从气象学的角度对北海道雪花晶体进行了长期研究。他们一开始用中谷宇吉郎的雪花分类法，后来发现中谷宇吉郎的分类法对描述雪花晶体在气象学差异方面存在不足。在描述规则雪花方面，中谷宇吉郎的分类很精细，连细节上都很完美，但对描述不对称雪花或者有装饰的类型方面则显得过于简单。在现实情况下，绝大多数的雪花晶体都是不规则的、不对称的、有装饰的或者是结霜的。

于是孙野长治和李柾雨（Lee Chung Woo）开始着手对中谷宇吉郎的分类法进行完善。根据实验室研究的结果，他们对中谷宇吉郎的分类法进行了无数次的修正和补充。1966年，孙野长治和李柾雨创立了一套非常精细的雪花气象学分类法。他们用纯气象学的方法，对自然形成的雪花晶体进行研究，最终定出了各种不同类型的雪花分别是在怎样的温度和湿度条件下形成的。他们把雪花一共分成了80种不同的类型。具体的修正和补充如下：

1. 对于鞘状晶的补充

针状雪花看上去好像只有一种类型，但通过显微镜观察，会发现实际上有3种类型：带有刃形冠的针状晶、极细的空心柱状晶、极细的实心柱状晶。

第一种针状晶，即中谷宇吉郎分类中的"针状晶"。

第二种针状晶，曾经并没有清晰的定义，但实际上早有很多人观察到，这一类晶体在孙李分类中被命名为"鞘状晶"，原初针状晶在温度为 −6～−4 ℃时形成，鞘状晶在温度 −8～−6℃时形成。见孙李雪花分类表中的N1c，N1d，N2b类型。

第三种针状晶，由清水弘（H. Shimizu）在南极洲发现。这种雪晶的外形类似于第二种针状晶，但形成的温度大不相同。根据他的观测，这种类型的雪晶通常在温度低于 −30 ℃的环境中形成，后来小林祯作在 −50 ℃观察到了这种实心柱状晶。

2. 实心柱状晶和空心柱状晶的区别

大多数的柱状晶都是空心的，然而小林祯作发现，人工条件下接近过饱和情况时很容易形成实心柱状晶，而且微型的实心柱状晶在成熟的柱状晶早期能观察到。

根据晶体生长理论，雪花晶体在接近平衡的状态下形成实心，在持续过饱和状态下形成空心。因此，从气象学上说，实心和空心有着很大的区别。新的分类中，所有的柱状晶都被分成了实心和空心两种。

	N1a 针状晶		C1f 空心柱状晶		P2b 带扇形顶部的星状晶
	N1b 针状晶束		C1g 实心厚板状晶		P2c 带宝石状顶部的 树枝雪花
	N1c 鞘状晶		C1h 带骨骼结构的 厚板状晶		P2d 带扇形顶部的 树枝雪花
	N1d 鞘状晶束		C1i 卷轴状晶		P2e 带简单外延的板状晶
	N1e 实心柱状晶		C2a 子弹形雪晶组合		P2f 带扇形外延的板状晶
	N2a 针状晶组合		C2b 柱状晶组合		P2g 带树枝外延的板状晶
	N2b 鞘状晶组合		P1a 六角形板状晶		P3a 两瓣雪花
	N2c 实心柱状晶组合		P1b 带扇形分枝的雪晶		P3b 三瓣雪花
	C1a 金字塔形雪晶		P1c 宽枝雪晶		P3c 四瓣雪花
	C1b 杯状晶		P1d 星状晶		P4a 十二瓣宽枝雪花
	C1c 实心子弹形雪晶		P1e 树枝雪花		P4b 十二瓣树枝雪花
	C1d 空心子弹形雪晶		P1f 蕨叶雪花		P5 异常雪花
	C1e 实心柱状晶		P2a 带宝石状顶部的 星状晶		P6a 带立体板状结构的 板状晶

孙李雪花分类表（第一部分）

3. 柱状晶和厚板状晶的区别

在中谷宇吉郎的分类中，厚板状晶被用于描述以下两种类型的雪晶：短的柱状晶，结了浓密的霜的板状晶。新的分类中，为避免混淆，后一种被命名为密集结霜的雪晶。

新的术语中，为区分厚板状晶和柱状晶，清晰且规范的描述是很有必要的。孙李分类中，当雪晶的高度比直径短时，柱状晶便改称为厚板状晶。

霜冻或者人造雪晶中，很容易观察到杯形或卷轴形雪晶，但在自然形成的雪晶中这种类型几乎从未有过。北海道大学的云物理团组所拍摄的三万多幅自然雪晶的显微图片中，没有一个杯形雪晶。

4. 对有外延结构的片状晶的补充

有外延结构的片状晶，中心部分有所不同，这表明晶体在下落过程中经历了温度和湿度的变化。雪晶分支的这种变化在气象学上是很重要的，因而孙李分类中补充了晶体形态的变化，从枝状到扇形、从枝状到板状等。见孙李雪花分类表中P2。

5. 具有不规则数目分支的雪晶

中谷宇吉郎的分类中，片状晶被细分为双瓣、三瓣、四瓣、十二瓣。这是假设了以上晶体在同样的气象条件下形成的，因为它们通常有两个中心核，分支的不同是由分支两个不同中心核的意外影响所决定的。

6. 分支具有立体积聚的雪晶细分

当片状晶经过温度约为 – 20 ℃的冷空气层时，基面上会产生空间延伸，具体原因尚不清楚。这种情况通常发生在雪晶经历了一个逆温层的时候，因而这种雪晶的出现也被用来作为逆温层存在的重要指示，甚至还可能根据雪晶分支的类型来判断逆温层的高度。在孙李分类中，这种类型的雪晶被分为4类。见孙李分类表中P6。

板状分支具有辐射形积聚的雪晶也被分为两类，通常认为是在 – 20 ℃形成的。见孙李雪花分类表中P7。

7. 对末端有空间结构的雪晶的补充

片状晶与板状晶的结合体，在中谷宇吉郎的分类中被看作一类。当片状晶迅速落入一个约 – 10 ℃的温暖云层时，会沿着分支末端的c轴方向形成空间结构。因而在孙李分类中，这种类型的片状晶被单独列作一类。见孙李分类表中CP3。

8. 有侧边结构的柱状晶

	P6b 带立体树枝结构的板状晶		CP3d 带卷边顶端的板状晶		R3c 带末结霜外延的霰状雪
	P6c 带立体板状结构的星状晶		S1 带侧边结构的柱状晶		R4a 六角形霰
	P6d 带立体树枝结构的星状晶		S2 带鳞状侧边的柱状晶		R4b 块状霰
	P7a 板状晶的辐射状积聚		S3 侧边结构、子弹形 和柱状晶组合体		R4c 锥状霰
	P7b 树枝雪花的辐射状积聚		R1a 结霜针状晶		I1 冰粒
	CP1a 带板状末端的柱状晶		R1b 结霜柱状晶		I2 结霜颗粒
	CP1b 带树枝末端的柱状晶		R1c 结霜板状晶或扇形雪花		I3a 破损分枝
	CP1c 多重冠柱晶		R1d 结霜星状雪花		I3b 结霜破损分枝
	CP2a 带板状末端的子弹积聚		R2a 密集结霜 板状晶或扇形雪花		I4 杂乱颗粒
	CP2b 带树枝末端的子弹形雪花		R2b 密集结霜星状雪花		G1 微型柱状晶
	CP3a 带针状末端的星状雪花		R2c 带结霜立体分枝的 星状雪花		G2 初期散晶
	CP3b 带柱状末端的星状雪花		R3a 六角形霰状雪		G3 微型六边形片状晶
	CP3c 带卷边顶端的星状雪花		R3b 成块霰状雪		G4 微型星状晶
					G5 微型片状晶聚合
					G6 不规则初期雪晶

孙李雪花分类表（第二部分）

温度低于 – 20 ℃时，常出现所谓的"干粒雪"（或称"粉雪"），这是柱状晶和侧边的片状晶结合的产物。这种类型的雪晶被分为三类：有侧边结构的柱状晶，有鳞状侧边的柱状晶，侧边结构、子弹形和柱状晶的结合体。见孙李分类表中S1，S2，S3。

根据德国科学家赫尔穆特·魏克曼（Helmut Weickmann）的观测，后两种晶体的形成温度比前一种要低，通常在 – 35 ~ – 25℃间形成。

9. 结霜雪晶的补充

很多雪花都会或多或少结霜，因而结霜程度是一个很重要的参数。中谷宇吉郎把结霜的雪晶分为3种：结霜雪晶、霰型雪晶、霰。孙李分类法在结霜雪晶和霰型雪晶之间加入了一种新的分类，叫作密集结霜的雪晶。

10. 不规则雪晶的细分

不规则雪晶出现的概率比预想的要大很多，中谷宇吉郎分类在这方面有些粗略。孙李分类法在这里加了两个类别，即结霜的微粒和晶体碎片。晶体碎片的存在，标示了雪花下落时所经大气层有强烈的气流或者扰动。见孙李雪花分类表中I2，I3。

11. 初期雪晶的补充

初期雪晶的存在，往往是因为雪晶在距离采样点比较近的大气层中形成，因而还没有长出其他结构来，就落到地面上了。

在孙李分类中，加入了初期雪晶这一类。细分为6类：微型柱状晶G1、初期骸晶G2、微型六边形片状晶G3、微型星状晶G4、微型片状晶聚合G5、不规则初期雪晶G6。

其他分类

正如开篇所说，一定程度上取决于认识雪花的角度，除了中谷宇吉郎和孙李分类之外，还有其他研究者有自己独特的看法。加州理工大学的肯尼思·利布雷希特（Kenneth G. Libbrecht）教授，时任物理系主任，除了致力于研究引力波探测的大型项目外，还在晶体生长及动力学数值模拟方面有突出贡献。在雪花显微摄影方面，肯尼思教授拍摄了许多非常精美的雪花照片。以下表格展示的是他根据多年观测所得出的比较普遍存在且有特点的雪花类型，共35种。

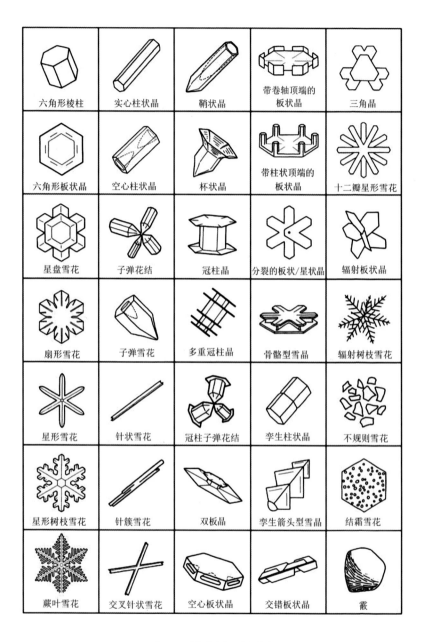

六角形棱柱	实心柱状晶	鞘状晶	带卷轴顶端的板状晶	三角晶
六角形板状晶	空心柱状晶	杯状晶	带柱状顶端的板状晶	十二瓣星形雪花
星盘雪花	子弹花结	冠柱晶	分裂的板状/星状晶	辐射板状晶
扇形雪花	子弹雪花	多重冠柱晶	骨骼型雪晶	辐射树枝雪花
星形雪花	针状雪花	冠柱子弹花结	孪生柱状晶	不规则雪花
星形树枝雪花	针簇雪花	双板晶	孪生箭头型雪晶	结霜雪花
蕨叶雪花	交叉针状雪花	空心板状晶	交错板状晶	霰

肯尼思·利布雷希特雪花分类表

相比孙李分类法，肯尼思教授的分类非常简洁。他将大多数形状非常不规则的雪花都归为一类，规则雪花的分类与之前介绍的分类相似。不同之处在于，肯尼思教授对于个别类型的雪晶形成机制提出了自己的看法。此外，一些特殊形态的雪晶在肯尼思教授的分类表中作为单独的一类出现，可见其受重视程度。不过，若是每种特殊形态的雪花都单独作为一种类别出现，雪花的种类将会非常多。此外，从2013年的雪花分类显示，雪花的家族种类超过200种，几乎穷尽了各种雪花的组合模式，在此不作介绍。

1. 双板晶和孪生柱状晶的概念

（1）双板晶（肯尼思·利布雷希特分类表中第六行第三列）：指的是中心有一个非常短的柱状晶、两个末端由板晶所组成的雪晶，可以认为是冠柱晶（孙李分类中的CP1a）的一种。不过，由于两个板状晶过于靠近，以至于其中一个板状晶猛长并抑制了另一个板状晶的生长，最后形成一个很大的板状晶与一个小的板状晶的结合体。这种雪晶实际上很常见，它们乍看上去好像是普通的星形板状晶，但仔细观看会发现是双板晶。

（2）孪生柱状晶（肯尼思·利布雷希特分类表中第五行第四列）：当两个柱状晶结合在一起，且其中一个恰巧沿主轴发生了60°的扭转，这样组成的孪生柱状晶外形和单个柱状晶好像没什么区别，但如果观察这种雪晶稍微升华了一部分之后的样子，就会看出端倪了。

2. 新的形成机制——分裂的星状晶和板状晶

当双板晶两端的板状晶共同生长，并且长出树枝状结构时，扩散作用使得两端的生长发生激烈的竞争，如果最终长成的六边结构没有分布在同一端，就会产生分裂的星状晶，例如，裂开成一端为两瓣而另一端为四瓣。见肯尼思·利布雷希特分类表中第三行第四列。

当相互竞争的两端在生长时中心不重合，就有可能两端各长成3个瓣。最终结果还是六边形或者六瓣结构，只是雪晶的中间部分有两个中心，就好像其中大约半个雪花发生了平移。这种类型很常见，但不仔细观察很难发现。至于为何会有如此奇特的结构出现，肯尼思教授推测说，由于双板晶当中张力的作用，可能导致两端的板状晶离开中心的柱状晶，之后又会重新发生碰撞再次黏和在一起，这样一来，其中的一端相比另一端也就发生了轻微的移动，中心不再重合。

3. 特殊形态的雪晶作为单独的类别出现

（1）孪生箭头型雪晶（肯尼思·利布雷希特分类表中第六行第四列）：这种雪晶貌似是由单个核心向一个方向延伸，长成两个甚至多个箭头的形态。实际上，其形成原理却与孪生柱状晶类似，是由一个中心长出孪生双晶之后发生旋转和立体结构变化而成。日本北海道大学的菊池胜弘曾在20世纪80年代提出"孪生御币型"雪晶，指的就是这种比较罕见的、特殊类型的雪晶。

（2）骨骼型雪晶（肯尼思·利布雷希特分类表中第四行第四列）：六边形板状晶与宽枝雪晶组合在一起的特殊形态。

（3）交错板状晶（肯尼思·利布雷希特分类表中第七行第四列）：若干板状晶交错在一起的独特形态。

4. 示意图的变化

相比中谷宇吉郎分类和孙李分类，肯尼思教授的分类示意图有些不同，除了新类别，其余绝大多数都能和中谷宇吉郎或孙李分类法中的图示一一对应起来，但也有例外。

六边形末端有垂直柱状晶的板状晶（肯尼思·利布雷希特分类表中第二行第四列）：这种类型的雪晶，与孙李分类法中的CP3b非常相像，但CP3b是星状晶的6个末端垂直长有柱状晶，而肯尼思教授的分类表中，是板状晶的6个角均长出了垂直的柱状晶。它们都属于柱状晶和板状晶复合而成的雪晶。

3

雪花的家族

六边形雪花

用显微镜来观赏雪花，最大的乐趣在于可以看到肉眼看不到的许多精美细节。即便是纤尘般的细雪，使用目视100倍的显微镜放大，有时候也可以看到雪花内部的结构。这类雪花形状总体呈六边形，直径通常只有0.3 mm，肉眼极难分辨。其实对于每一片雪花来说，在它最初始的生长阶段中都会呈现出六边形的状态，后来由于生长环境的不同而发生相应的变化。例如，若是湿度大，便会很快形成六边形结构；若是湿度小，六边形雪花就会长大一些，然后再发生变化。因此，在极少数情况下，可以见到中型的六边形雪花。

我们通常看到的六边形雪花有的厚，有的薄，有的具有同心纹路，也有的具有辐射纹路，还有不少雪花里面生长有神奇的气泡。如果我们从雪花的生长特性方面进行区分，六边形雪花主要有5类。

第一类为薄片六边形雪花。第二类为厚六边形雪花，有些著作将其与六棱柱类雪花算作一类，但在我们观察时，并不都能一眼看出区别。第三类为辐辏六边形雪花，这类雪花带有辐辏纹路，有些著作将其与扇形雪花分为一类，认为它们是扇形雪花在生长初期的形态。第四类是骨架六边形雪花，它们具有脊状的突起。第五类为空心六边形雪花，有一定厚度，以内部气泡结构最为有趣。

薄片六边形雪花

薄片六边形雪花经常在降雪的初期和末尾出现。如果跟随一场降雪，有可能发现最先落下的都是细小的薄片六边形雪花。随后落下的此类雪花渐渐变大，而且出现漂亮的纹路，如同一个个花盘子，在一些极端的时候，可以出现毫米量级的薄片六边形雪花。

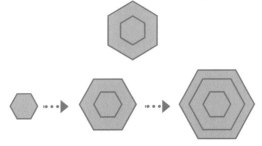

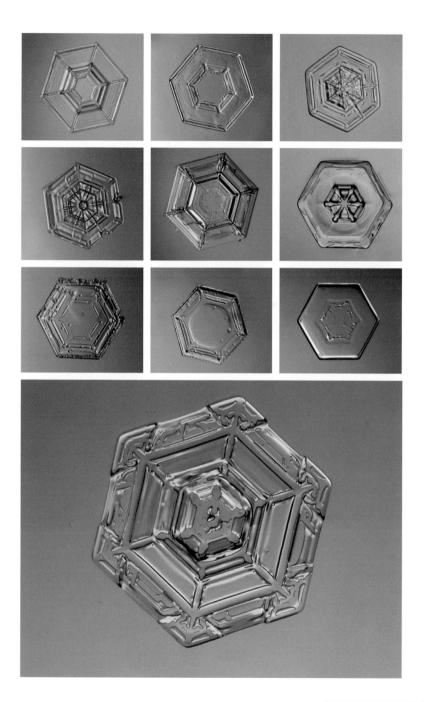

厚六边形雪花

厚六边形雪花往往和后文所介绍的棱柱类雪花一起出现，因为厚六边形雪花的生长条件与薄片品种不同，但与棱柱类雪花更为接近。因此，样子虽然差不多却是两类截然不同的种类。

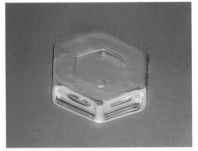

辐辏六边形雪花

有些六边形雪花具有明显的辐辏条纹，这意味着雪花花瓣即将形成。在一些分类体系中，辐辏花纹的六边形雪花与后文介绍的扇形雪花被分为一类，认为辐辏花纹就是扇形分支比较原始的状态。不过我们还是从基本形状出发，把它算在六边形雪花的家族中。

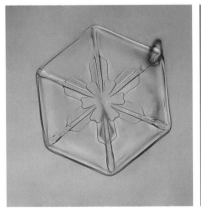

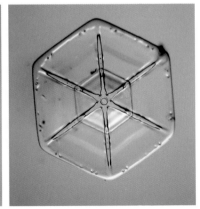

骨架六边形雪花

这类雪花在薄片六边形雪花的基础上，6个辐辏纹路上皆有突起，形如骨架。

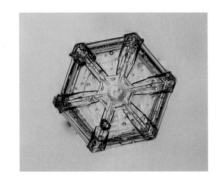

空心六边形雪花

因为气泡的存在，结构简单的六边形雪花变得可爱起来。有些气泡简单，形似动物饼干；有些气泡复杂，就说不清像什么了。还有一些六边形雪花，中心的气泡纹路繁密如森林，细如流苏。

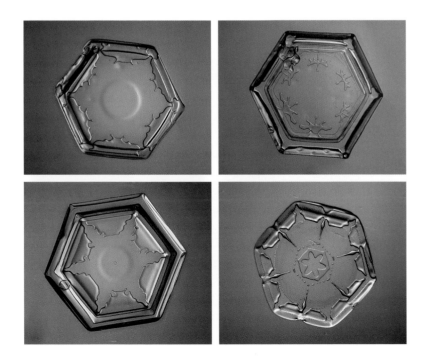

雪花小故事

圣诞树

这是某个晚上在北京昌平拍到的最为完整的一枚雪花，我们叫它"圣诞树"，因为在雪花的中心有长着六棵圣诞树般的气泡。人们都喜欢把雪花饰品挂在圣诞树上，而这次，圣诞树成了雪花中心的装饰。

六角星

我们曾捕捉过一枚看似普通的六边形雪花，由于它的每个边上都有斜方向的纹路，总体看来犹如一个六角星嵌在这个六边形雪花上。

阶梯气泡

六边形雪花中有一类较为特殊，它们的花纹颇有立体感，好像一层一层的台阶。这类六边形雪花比一般的六边形雪花厚一些，6个边上都有镂空的气泡。

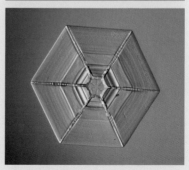

六边形"年轮"

六边形雪花比较多见，但这枚六边形雪花有些特殊，雪花片相对较大，而且有密集的同心结构，如同树干上的年轮。从形成上看，雪花的同心纹路和年轮原理近似，当雪花在某一环境下持续生长，环境的小幅变化会让雪花生长速度忽快忽慢，慢了就厚一点，快了就薄一点，如此一来就形成了雪花的"年轮"。

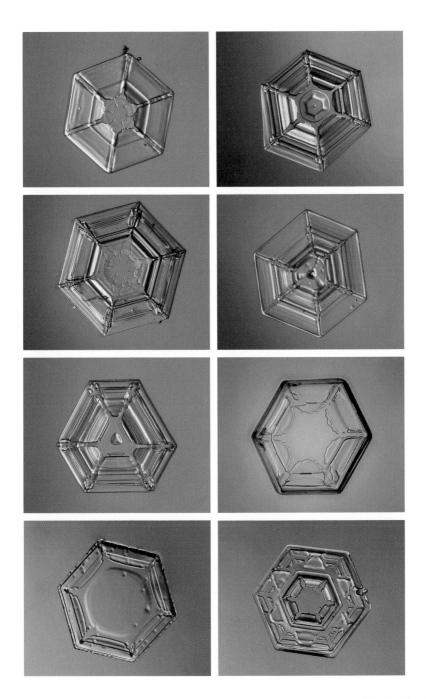

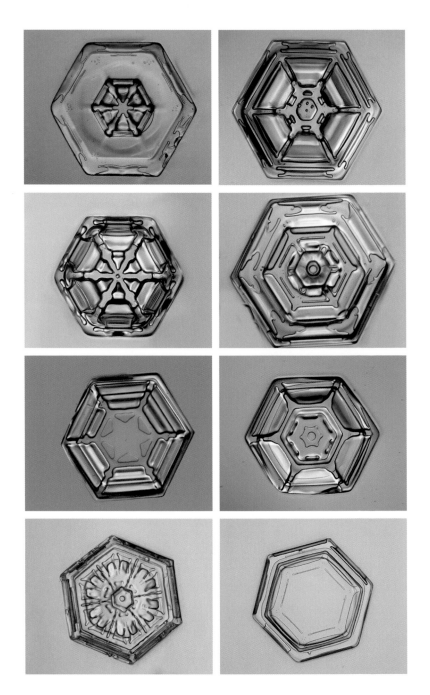

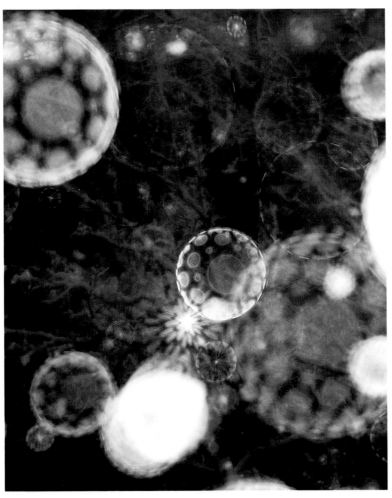

入冬后第一场雪，使用筛孔柔焦镜头拍摄

星状雪花

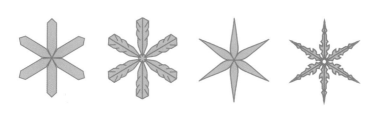

　　星状雪花也是基本的雪花形状之一，一般在－15 ℃的环境中，如果水汽充足，冰晶迅速生长，6个尖端会生长得尤其迅猛，于是产生了六角的形状。普通的星状雪花中心区域非常小，很难看出原初冰晶的六边形形状，而每个分支都很硕大，典型的尺寸在2~3 mm。

　　星状雪花可分成几个类型，其中一类为每个分支又细又长、顶端尖锐的，这类雪花是在单一的水汽非常充沛的情况下快速生长，尖锐的顶角就表明了其处于快速生长模式。另一类雪花为钝角，表明水汽稍逊，处于慢速生长模式。

　　星状雪花中还有一大类，由于每个分支都很宽阔，称为宽枝雪花。这类雪花是一直处于慢速生长的状态，而且每一分支的上面都有各种花纹结构，如沟道、脊等，反映了生长时受到环境的影响。

细枝类型

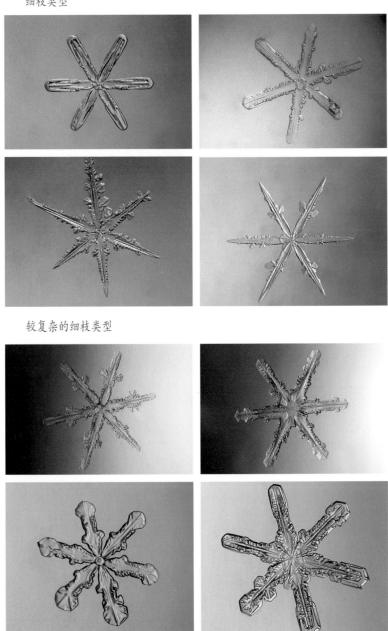

较复杂的细枝类型

宽枝类型

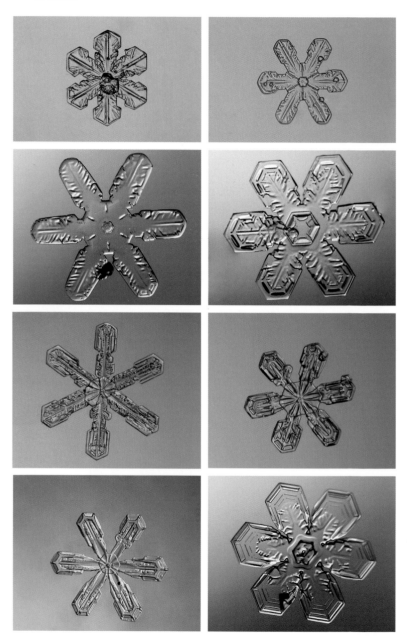

较复杂的宽枝类型

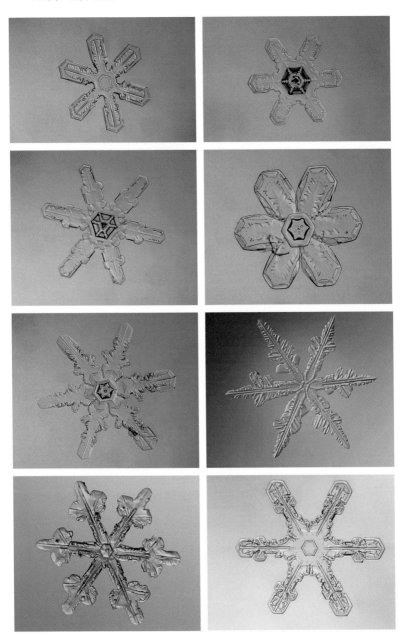

雪花小故事

尖角小星星

　　这些星星般的小雪花看上去细脚伶仃，每个花瓣细长而尖锐——它们来自同一场降雪，一场中午开始、中午结束，只持续不到1小时的降雪。简单的结构表明它们曾在单一的环境下生长，尖尖的花瓣表明生长环境水汽充沛，且雪花一直在快速生长模式中。不过这种简单的小星星拍过几个后便容易让人失去兴趣——它们的变化太少了。

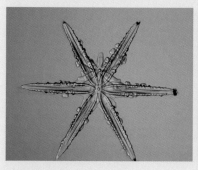

绢花

　　这枚雪花来自东北。春节刚过不久，正值早春，这枚雪花很"应景"地长成剪纸造型：每瓣之间长出透明透亮的冰膜，是不是有点像剪得皱皱巴巴的绢花？

盾舜六花

　　原本以为这只是一枚普通的星状雪花，很小，需要10倍的显微物镜才能拍到，但后来这张图传到网络上，有人发现这不是"盾舜六花"吗？在动漫《死神》中的女主角有一件饰品就是这个模样。

凌乱的自行车，在大雪后也变得可爱

扇形雪花

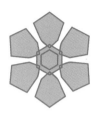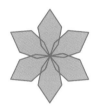

　　扇形雪花有别于星状雪花，每一个分支都是从细到宽阔的变化过程，因其形似扇子，故名扇形雪花。通常，扇形雪花可以在零下十几摄氏度的环境下出现，也可以在接近零摄氏度的环境下出现，但我们看到的基本属于低温扇形雪花，因为高温的扇形雪花一般在下落中都升华甚至融化掉了。

　　扇形雪花最典型的标记为辐辏状的纹理，正如前文所述，普通六边形雪花中有一类具有辐辏纹路的，就是扇形雪花的原初状态。随着生长，雪花沿着辐辏纹分裂成独立分支，最后形成顶端大、底端小的形态。

　　典型的扇形雪花

组合扇形雪花

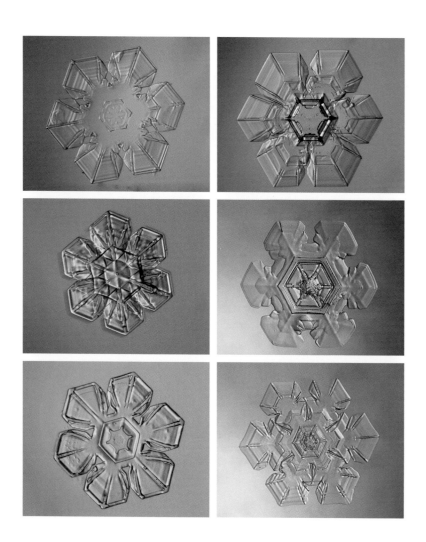

复杂的扇形雪花

雪花小故事

海星

　　雪还没停，我们就忙着在网络上公布新发现，在上午的降雪中，一枚海星般的雪花飘然而至。这枚雪花很小，需要用10倍镜头才能拍摄清楚。它的形状我们从未见过，每个花瓣都是菱形，6个菱形花瓣组合起来就成了胖胖的六角星。对很多人来说，这种少见但简单的结构并不吸引人的眼球。一个朋友说，他并不喜欢这枚雪花，结构太简单了，虽然真的很像海星。

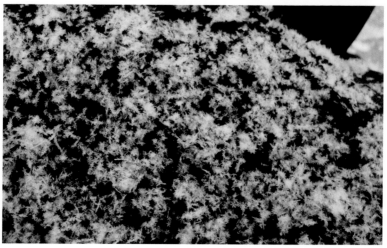

星盘雪花

　　星盘雪花由两部分构成，中心是普通的六边形雪花，外围是星状雪花，以宽枝为主，很少见到具有快速生长痕迹的尖角形。星盘雪花可以看作是六边形雪花继续生长的结果，当六边形雪花长大，6个角开始逐渐向外突出，从而生长出分支。一般的星盘雪花直径在3~5 mm，少数星盘雪花可以生长得比较巨大。由于生长时间长，星盘雪花也会拥有更多的结构。

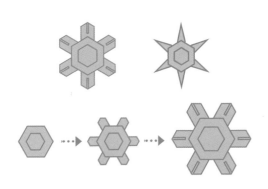

春雪之后，乒乓球台变成奶油蛋糕

细枝星盘雪花

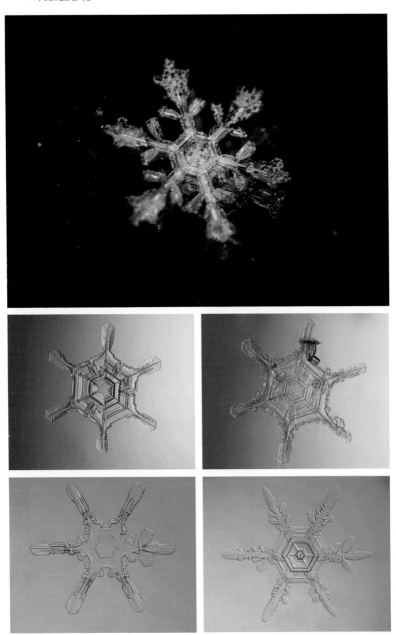

胖星盘雪花

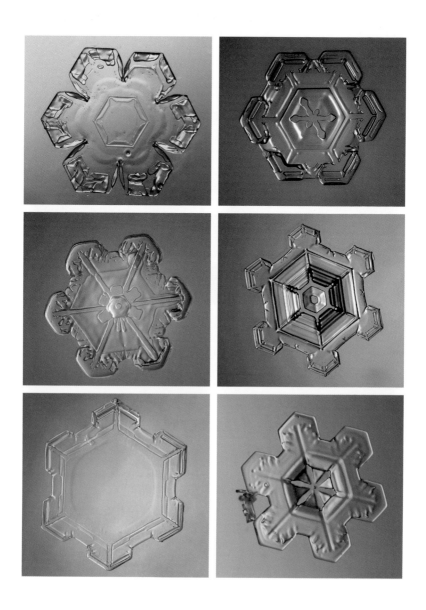

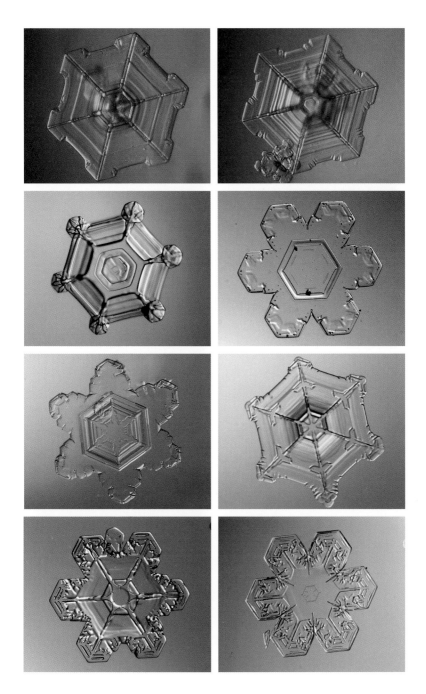

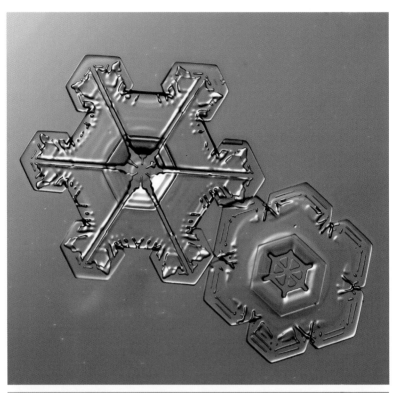

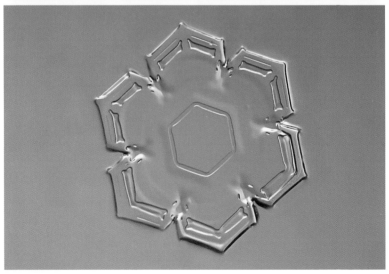

早晨玻璃上冻结的窗花

宽枝星盘雪花

雪花小故事

海盗船

　　这是我们非常喜欢的一枚雪花，中心是规则简洁的六边形，外边细长的花瓣同样非常简洁，也没有繁复的分支，顶端还是尖尖角，整体看起来像古典帆船的船舵。它虽然是一枚简洁的雪花，但却非常稀有，总之在见到它之后的几万枚雪花中，再也没找到类似的品种。

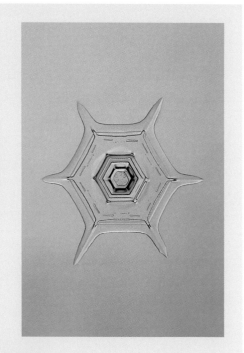

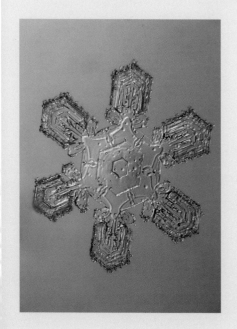

圆形的雪花

　　棱角分明的雪花极少出现弧形线条，而在这片雪花中，靠近中心的部分出现了一个"圆盘子"。这可能是在下落过程中晶体升华所致。

树枝雪花

　　如果你想看美丽的雪花，又想免去用显微镜的麻烦，那就只能期待天上飘落大型雪花了。这些大型的雪花，大多属于树枝雪花，这种雪花在－15℃环境中生长，有充足的水汽配合，有足够的生长时间。如果水汽不够充足或者生长时间不够充沛，那么生长成的可能就是普通的星状雪花。树枝雪花的特点在于其繁复的枝丫，它们被叫作次级分支。一般的次级分支都是向前生长，极少情况下会遇到向后生长的例子。

细枝树枝雪花

朝阳下的雪之晨

宽枝树枝雪花

去往伊犁河谷，乘飞机，追着落日，一路向西

蕨叶雪花

最大的雪花有多大？据记载，人们见过的最大的雪花直径达30 cm，简直和脸盆差不多大，但这仅是文字记录，没有照片证据。而人们拍摄过的最大的雪花，直径有超过3 cm的。在我们过去几年的记录中，最大的雪花直径为1 cm，可以拿在手里把玩了。这类雪花一般在极为优越的环境下快速生长，主分支和次分支都细长尖锐，每一个次级分支相互平行，形同蕨类植物的叶子，或者羽毛的结构。

新疆果子沟山路上，雪云突然散开，露出一片蓝天，一缕阳光

4

那些不是六瓣的雪花

两瓣雪花

正像我们看到的那样，两瓣雪花多源自从六瓣雪花上脱落的两个分支，然后继续生长形成，可以看见中心部分已经开始生长细小的分支结构。这种左右对称的结构在非六瓣雪花中并不罕见。

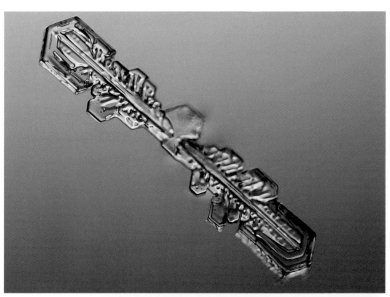

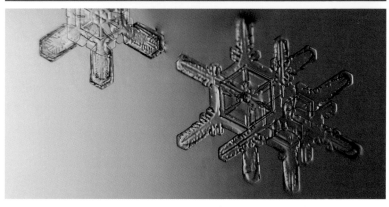

三瓣雪花

相对于普通的六瓣雪花而言，三瓣雪花出镜的机会就要少得多。虽然人类很早就注意到雪花六边形的特性，但直到1820年，人们才注意到3瓣雪花的存在。在19世纪的一些雪花绘画记录中，就曾出现了"三角板"形的雪花。1931年，在著名雪花摄影师威尔森·本特利的雪花摄影集中收录了相当数量的三瓣雪花。然而对于用肉眼欣赏雪花的人们来说，三瓣的样式极少见到，这是因为大多数三瓣雪花个头娇小，需要通过放大镜甚至显微镜来观看。

早先的分类并没有过多顾及雪花的特殊形态。在气象学上的固态水国际分类法之中，这些"三"家族的成员被分别归到其他几种雪花类型里。最早让"三"家族另立门户的是日本学者中谷宇吉郎，他用一个类似奔驰牌汽车标志的简笔画作为此门派的记号，并用一个阿拉伯字母与数字的组合表示：P2a类雪花。

这里的P表示扁片状，2表示特殊形态，a表示这一组中的第一种。后来他在北海道大学的同事孙野长治沿用了他的观点，在他的分类系统（m-l分类法）中，其编号改为P3b型，也称为"三花"雪花。在这里，他用"3"来表示特殊形态的门类，而它之所以退居该门类的次席b，是因为北海道的学者们通过常年观测，发现有些雪花只有两瓣，于是把两瓣的雪花称为P3a。

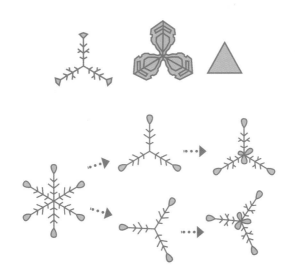

具有复杂结构的三瓣雪花

很少有尺寸较大的三瓣雪花出现，这是由于在三瓣雪花生长过程中，早期的破缺逐渐被掩盖，最后生长出的依然是六瓣雪花，只是在这些雪花的痕迹中还保留有三瓣的特征。

早春的雪花，刚刚落下便已消融

雪花小故事

领带

人们发现，"三"这个特性并非只存在于某一种雪花中。例如，有些三瓣雪花如同三角板或者糖三角，而有些则在三角上长了些装饰，如兔子耳朵什么的。有些形态如奔驰车的标志，有些则像三叶草，更有甚者长成三棱柱的样子。"三"家族中的一大类是有如三角饼干的薄片雪花，它们的个头通常小于1 mm，偶尔能见到大而复杂的造型。这些小三角形通常和常规的六边形雪花一起落下，闪闪发光。在显微镜下观察这些小雪花的样子，便会发现它们最有意思的地方在于中心周围古怪的装饰——这是它们生长和融化的痕迹。有些稍大的"三"家族成员落下后开始融化或升华，一段时间后留下三角铁般的漂亮架子，看来它们从骨子里就是"三"出来的。有一种学术观点认为，这种原初"三"的形成，来自于扰动造成的微小不对称，之后小雪花在大气层中长大。

得到这枚雪花是在吉林省长春市的早春时节，本来寒冷的城市由于雪云的到来竟然变得温暖起来。拍摄时的温度仅有－2 ℃，雪花很容易化掉，我们忙了一个上午也只得到十多枚完整的雪花。这一枚三瓣雪花算是比较特殊的，宽宽的3个花瓣棱角分明，如果西装的领结设计成3个角，是不是就会变成这个样子呢？

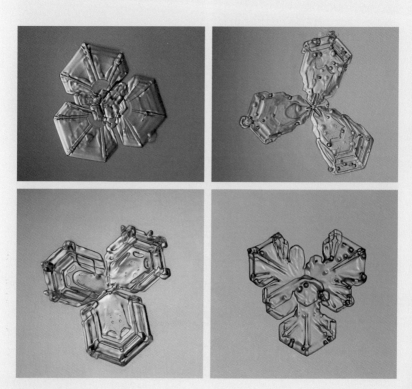

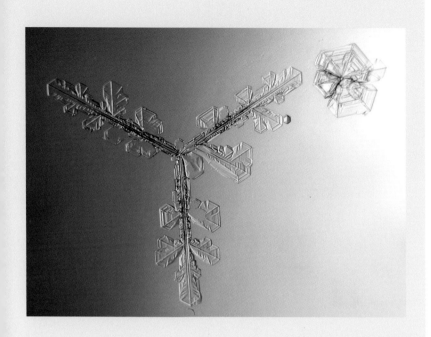

风电机

寒风之下，雪花纷纷落在我们观赏用的板子上，有时会遇到好玩的情景——雪花落下并未停歇，而是像风车般转动。等雪花不转了，才发现这枚雪花只有3个分支。三瓣雪花并非由六瓣雪花破裂形成，它本脱胎于另一种怪异雪花，日本学者中谷宇吉郎称之为P2c型—— 一种立体的雪花。在中谷宇吉郎的分类中，P2c是那种乍一看呈六瓣但六瓣并不在一个平面上的雪花。雪花的中心有一个细小的"轴承"，"轴承"的每一端都长有3个花瓣，但总数保持6个不变。有人认为，奔驰汽车标志状的三瓣雪花正来源于此：当"轴承"发生断裂，原本一个雪花碎成两片，每片都带着3个瓣。在此之后雪花继续按照"三"的特性来生长，残缺的部分也可能有生长，但不会长大，于是就形成了最终三瓣的形状。后文中出现的一类四瓣雪花，形成机理也与这个相似。

四瓣雪花

在拍摄雪花时，我们常因拍到非六瓣的雪花而欣喜，四瓣雪花就是很让人兴奋的一类。所谓四瓣雪花有两类，一类来自于自身断裂的六瓣雪花，另一类是在前者基础上继续生长成的左右对称雪花，有纵向的次级分支结构。有趣的是四瓣雪花也经常扎堆出现，比如下图的两枚雪花就是在短短两分钟内连续出现的。

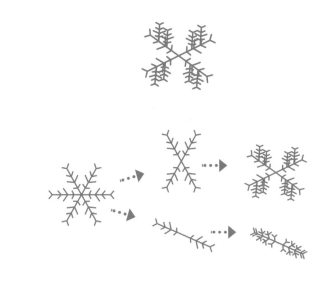

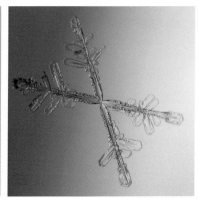

七瓣雪花

常见的六瓣雪花每两瓣间的夹角约为60°，如果是叠合的十二瓣雪花，夹角为30°，三瓣雪花的夹角大约120°，要么是60的基数，要么是60的倍数，几乎所有规则的雪花都不例外。可是在2012年初的一场雪中，我们发现了特例。在这场雪的末尾，零星的大片雪花缓缓飘落，我们甚至可以用玻璃片在空中接住一枚雪花来拍摄。其中接住的一片，粗看上去是星状的六瓣雪花，但在显微镜下才发现它的真实面目：一片七瓣雪花，绝非雪花折断所致，我们用量角器粗略估计，两个瓣的夹角在40度到50多度不等，实在是个奇怪的雪花。

十瓣雪花

　　一场原本普通的降雪往往会因一枚特殊雪花的出现而变得与众不同。2012年12月在北京的一场降雪中，绝大多数雪花属于结构较为简单、花瓣较宽的品种，并无太多变化，然而在雪将停时，一枚多瓣的雪花被我们捕捉到了。这枚雪花乍看上去有10个瓣，用一个不太恰当的比喻，这枚雪花好像一只爬虫，有头有尾，还有好多脚，总体上呈左右对称结构，如同一只蜘蛛蜱螨之类的虫子。可是这枚雪花真有10个瓣吗？细细数过之后发现，这还是一枚十二瓣雪花，只是左右对称的特征让人产生了10个瓣的错觉。

　　真正的十瓣雪花也是存在的，这是一类非常罕见的品种，它们是由于生长中共用了一个分支后，沿着这个分支形成了连体雪花，而那个共用的分支也不见了，因此只留下10个花瓣。

十二瓣雪花

在新疆克拉玛依，有一位摄影师给我们看过一张照片，黑色的石质地面上散落着一些雪花，但这些雪花有些并不是常见的六瓣，而是有12个分支，好似游乐场的摩天轮。这种十二瓣雪花是从天而降的稀客，在每一场雪中，只有在运气好的时候才能看到一两枚这种雪花，拍到的机会就更少了。看到此，有人会问这十二瓣雪花莫不是两个雪花叠在一起了？其实并不是这样，十二瓣雪花在刚刚形成的时候具有双核结构，由于电磁力的影响，两枚晶核产生一定角度的扭曲，之后就形成了十二瓣的模样。

二十四瓣雪花

雪花最多能有多少瓣呢？绘画记录表明有人见过二十四瓣的雪花，至于雪花真的有24个瓣还是记录者数得眼花，就不得而知了。在目前照相记录中，有人拍摄过十八瓣的雪花，这已经是非常幸运的了。

然而在2012年11月北京的一场降雪中，我们破了纪录：当时我趁午休时间拍摄雪花，环境温度比较高，只有－2 ℃。天文台有两位同事觉得好奇，在一旁观看。由于雪花种类不多，我一边拍一边给他们讲着各种雪花的造型，正在这时，一片十二瓣的雪花落在玻璃片上，我笑着说你们真是运气好，居然看到十二瓣雪花了。一位同事指着衣服说，那，这个有几瓣？低头看去，一个如同小太阳的雪花——十八瓣雪花？我小心翼翼把它粘到玻片上拍摄完毕再数数，居然是二十四瓣的雪花——天文台的同事们，真是给我们带来了大大的好运！

雪花小故事

两片十二瓣雪花同时出现

　　立春前的一场雪如约而至，但受到降雪条件的影响，我们的拍摄收获并不算丰厚。雪在凌晨落下，最先飘落的是些不规则的冰晶，然后是比较简单的宽枝雪花，再之后便是白色的小雪颗粒，没什么可拍，只好望雪兴叹。等了1小时左右，忽然雪花变得规则复杂起来，而且出现了两片十二瓣的雪花——正好肩并肩手拉手落在我们显微镜的玻璃片上，这才让我们一下子拍到两片十二瓣的雪花，也算是意外的惊喜了！

天山之西，雪云中忽然出现一个洞，一缕阳光洒在茫茫雪野中

东北冬季的阳台外，积雪变成卷羊毛

5

其他类型的雪花

棱柱雪花

窗外细细的雪如粉尘般落下,很多人看了看身上的雪粒,都会感到奇怪:"这是下雪呢,还是下冰呢?"细小的雪粒完全看不出任何结构,只是当夜晚来临,路灯之下,这些洗尘般的雪反射着灯光,银片般闪闪发亮。

虽然都名为"雪",却也有着不同的名字。比如这种形如尘埃、闪闪发亮的雪,就有个别名叫作"钻石星尘"。在太阳初升的时候,便可以看到由这些雪粒折射而成的华丽的日晕。这是别的雪花做不到的事情。为何钻石星尘有这种特殊本领?在一次拍摄钻石星尘的过程中,我们大饱了眼福——那些肉眼看上去毫无结构的雪粒,在显微镜下竟是一个个模样奇特的小雪花,有的是六棱柱形,有的是顶部带着两个帽子的六棱柱,好似线轴形,有的是子弹形,有的是杯子形,还有的犹如一根法杖……这些雪花都有一个特点,它们有明显的结晶面,正是这些晶面最终造就了阳光下神奇的光晕。

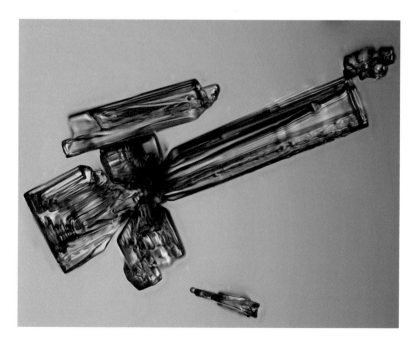

实心六棱柱和双棱柱

在水汽并不充沛的情况下，雪晶会沿着纵向生长，形成棱柱状的晶体，或者叫作棱柱状的雪花。我们一般看到的棱柱雪花尺寸在0.2 mm左右，肉眼不易分辨，需要借助显微镜观察。在雪晶落下后，我们观察发现：大多数棱柱雪花的边角并不锐利，显得比较圆润，这是雪晶升华后出现的现象。有时我们还会在雪晶中间发现一条痕迹，把棱柱一分为二，说明这个雪花是双棱柱组成的。另外，棱柱组成的集合体、相互交叉棱柱的雪花也很常见。

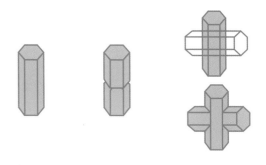

空心六棱柱

　　和实心六棱柱雪花不同，空心六棱柱是生长在 − 5 ℃环境中的一个品种，一般看上去棱角并不那么分明，这是因为温度高，升华速度快所致。空心六棱柱在生长过程中，周边比中心生长快，于是就出现了中心的凹陷，但如果生长环境发生变化，就有可能将这个凹陷封起来，里面形成沙漏形的气泡。

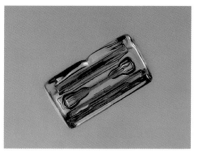

线轴形雪花

相对于棱柱形雪花而言，线轴形雪花较为稀有。线轴形雪花的生长分为两个阶段，首先形成普通的棱柱雪花，实心或者带有气泡，也有双柱状的结构；然后形成环境发生改变，在雪花的两端形成六边形雪花，或厚或薄。如果继续生长，六边形的部分还可能生长出宽阔的分支，类似星盘雪花的形态。

线轴雪花之所以稀有，是因为一般棱柱雪花生长在相对高温的环境，而六边形雪花甚至星盘类雪花最佳生长环境是 −15 ℃左右。因此，这种雪花需要强大的上升气流才会形成。

双层雪花

很多雪花在显微镜下会呈现其立体构造，比如双层雪花会因对焦点不同而出现画面的虚实变化。双层雪花较为普遍，两层雪花通常一层较大，另一层较小，这是由于在生长过程中其中一层在吸纳水汽中占有优势。

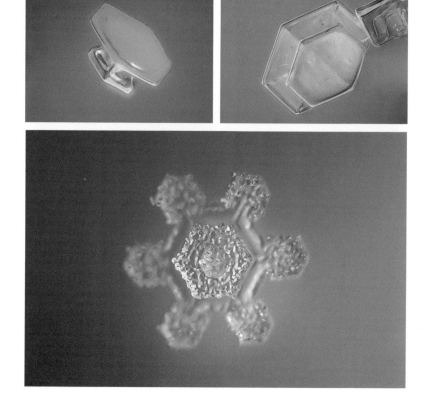

子弹形雪花

在棱柱雪花出现时，子弹形雪花往往伴随而至。它们有的单独存在，有的头部聚集在一起，也有的尾部继续生长呈钉子状。这样的雪花上大下小，得以垂直飘浮在空中，于是这类冰晶在天空中会形成奇特的幻日现象。

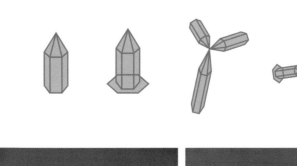

针状雪花

在伊犁河谷，春节后的一次降雪非常奇特——细碎的雪花从天而降，落到地上犹如天鹅绒，稍微用高倍一点的放大镜就可以看到，这种雪花呈针状，是温度很高的情况下出现的一种雪花。从物理学中知道，这种雪花需要−5 ℃左右的生长环境，针状的本体是细长的中空六棱柱雪花，只是两端又发育出更长的细枝，因而总体看上去为针状。

针状雪花主要有以下3类：单个针状雪花、多个针状雪花成簇、两组针状雪花成X状或T字交错状。针状雪花并不算罕见，在华北地区早春也有机会见到，但往往由于湿度的问题，难以形成伊犁河谷那种在地面铺出天鹅绒毯的效果。

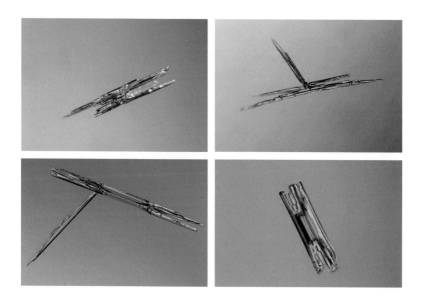

箭头雪花

在日本低温物理学家中谷宇吉郎和气象学家孙野的雪花分类中，有一类雪花并没列入其中，后来加州理工的肯尼思教授把它叫作箭头雪花，列入了他自己的分类图之中。这种雪花确实不多见，形状如同箭头，两个或两个以上有序堆叠在一起。不过在华北地区，这类雪花还是有机会见到的。因为华北冬季降雪时气温普遍较高，在－5℃生长的雪花类型中就有箭头雪花。我们已经不止一次见到了。

方块雪花

与箭头雪花一起出现的还有一种方头方脑的"方块雪花"，其独特之处在于它们每个角约为90°，而不是通常雪花的120°。目前，这类雪花还没有被划在哪个家族中，只是在20世纪70年代，日本雪花摄影师小林祯作发现了这种雪花的存在。

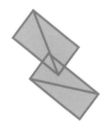

刀鞘雪花

刀鞘雪花有细长的形态和中空的特征，这种雪花很少出现，它生长在－5 ℃的环境中，要求温度和湿度都较为恒定，否则便会长成针状雪花。

交错板状雪花

路灯下的雪如银片般缓缓落下，而我们却没有什么雪花可以拍摄。显微镜下，有一种被我们称为"法杖"的雪花，形态有些像雕琢精细、装饰繁复的棍子。这种雪花通常会在较高的温度下形成，比如－2 ℃左右，中心轴呈针状，沿着针的侧向在不同朝向上生长出或薄或厚的六边形结构，这种雪花可以被看作是针状雪花和六边形雪花的一种组合。虽说法杖雪花很漂亮，但它缺少对称的美感，变化远不如其他雪花丰富。

 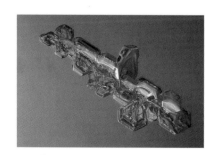

金字塔雪花

在三角形的雪花中有一些较为特殊，它们有立体的造型，也就是说如同三棱的金字塔状。可在显微镜下如何观察到这种立体结构呢？后来我们发现，这种雪花往往特别小，而且从顶端往下看，呈同心三角形状——把它当作等高线来看待，就可以想象出它三棱金字塔的模样了。

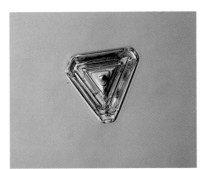

新疆霍尔果斯，太阳升起时伴随着22度日晕、幻日、幻日环等大气光学现象

6

雪花的饰品

雪花的装饰——宝石状顶部

　　在雪花末端出现六边形的膨大结构，这在许多雪花形成时都会出现。特别是在一些简单的星状雪花中，这种六边形的顶部成了唯一的装饰。一般情况下，雪花在下落中，都会经历水汽逐渐减少这一过程，使得雪花从快速生长模式切换到慢速生长模式，从而导致了这种宝石状顶部结构的形成。

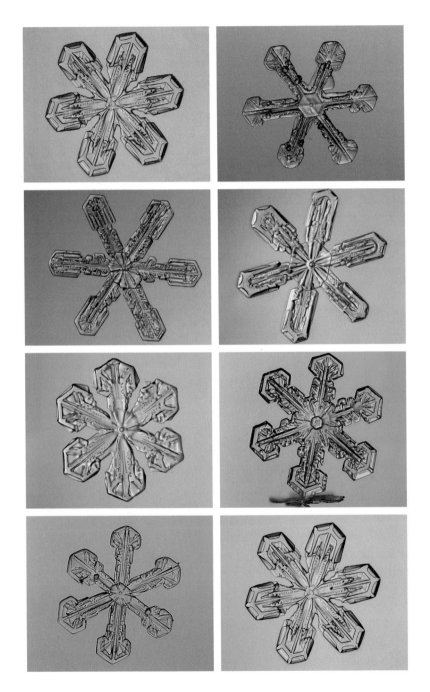

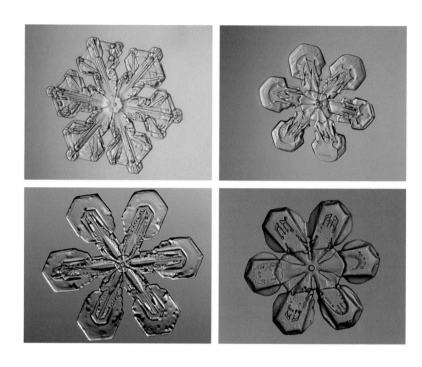

雪花小故事

戴帽子

　　在雪花花瓣上装饰漂亮的结构，这在雪花中很常见，除了常见的宝石形、扇形外，我们还遇到过一次帽子状的结构。这枚雪花拍摄于一个并不寒冷的夜晚，从雪花圆润的轮廓看，当时的水汽条件并不充分，但它已经开始升华了。在这枚雪花的花瓣顶端，具有帽子一样的结构，这种结构的特殊之处在于：雪花生长中极少出现向后的结构，而这些帽子的帽檐恰恰是朝后的。

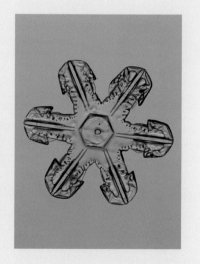

在雪里驾车的维吾尔族青年

雪花的装饰——扇形顶部

　　每一片雪花都是爱美的，每一片雪花都拥有着不同的饰品。如某一年早春，北京降下一场小雪，那次拍摄的雪花都有相似的模样——雪花瓣的顶端有着形如小扇子的结构，这是因为春天已到，即使夜晚也只有 − 3 ～ − 2℃，这正是扇形雪花生长的好季节。再如在天气比较干燥比较冷的时候，雪花花瓣的顶端会形成一块六边形的结构，形如水晶。如果水汽充沛，这种结构就不会出现，取而代之的是针状的结构。

雪花的装饰——珍珠衫

如果在一个雪天打伞而行，有时会听到伞上噼里啪啦的声音，此时的雪花下落得匆匆忙忙，掉在地上后很快弹开，也不会粘在衣服上。如果用显微镜看这种雪花，就会发现它上面沾满了冰珠，好像穿了一件珍珠衫。这些冰珠是雪花在经过湿度很大的雾气之后凝结而成的，它让本来轻盈的雪花一下子变得沉重起来。如果珍珠凝结太多，就会看不出雪花的形态，人们给这种雪起了一个名字——霰。

白色的砂雪，几乎和硬币中的汉字一样大

雪花的装饰——冰柱和卷边

我们通过显微镜拍摄展现出来的大多是比较完美的雪花，但在实际中大多数雪花是不完美的，有时还会长出一些奇怪的结构，比如在温度较高时，会生长出一种棍棒状的附属结构，挺好的雪花被弄得面目全非。不过这次，棍子正好长在六边形雪花的6个角上，在显微镜中看上去好像一张被掀翻的桌子，非常滑稽。在之后不久的一场雪中，我们又发现了一个鞘状雪花长出两个小冰柱，如果再多长两根，那就是长条凳啦。

在温度较高时，雪花还会出现一种形态，犹如比萨饼的厚边——叫作卷边结构。卷边会附着在六边形雪花的边上，和冰柱一样，它们都是晶体在六边形雪花和棱柱雪花形成环境中交替生长而成的。

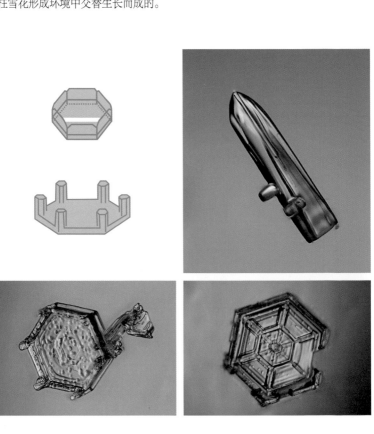

并不是每场雪都那么美丽，这次降雪3个小时，居然没有飘落一片好看点儿的雪花

雪花的装饰——裂痕

在很多人的印象中，雪花应该是完美对称的，然而事实并非如此，大多数雪花并非对称，更有甚者，有些雪花会出现撕裂、扭曲等现象。其实这并非雪花真正断裂，而是在生长之初，它就是一个双核的冰晶。双核冰晶在生长中会产生竞争关系，于是就长成了有裂痕的雪花。值得注意的是，这些有裂痕的雪花很容易断裂，断裂后的雪花如果继续生长，就成了三瓣、四瓣、箭头状等奇怪的雪花。

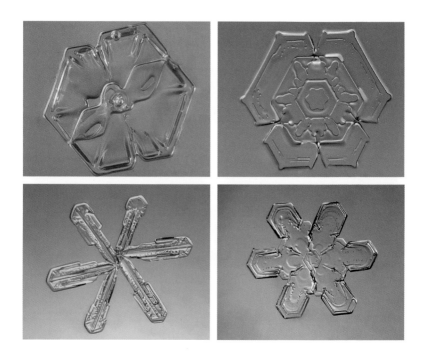

雪花的装饰——沟道结构

在雪花的生长过程中，内部也会产生纹路，如沟道、脊等结构。这片雪花形成时就出现了双沟道的特征。

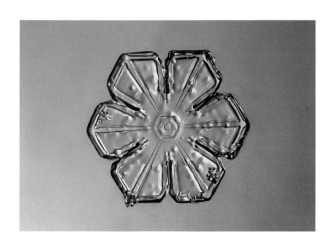

雪花的装饰——弧线

在线条笔直的雪花中，有时会出现这种从中间向两侧伸展的弧线，这是由于雪花正处于一种加速生长的阶段。

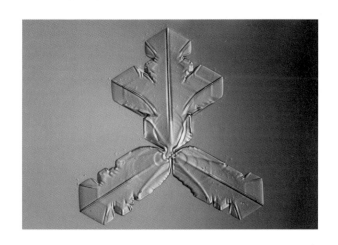

春天的大雪花

7

复合类雪花

正如前文所言，世界上有多个雪花分类体系，最为精细的方式也只是把雪花分为80多个门类，但依然无法覆盖雪花的家族。这是因为很多雪花是复合型的，兼有多个家族的特征，因此可以考虑一些新的划分方式。

根据本书第5、第6部分的描述，可以按照以下特征来描述一个雪花：

中心、分支、末端、细节4个部分。

中心的特征包括：

六边形、厚六边形、棱柱、星状、扇形、针状、子弹形、刀鞘形、金字塔形、三瓣、四瓣、十二瓣等。

六边形+星状=星盘，六边形+扇形=扇盘。

分支的特征包括：

细枝、宽枝、树枝、蕨叶等。

末端特征包括：

尖锐、方角、六边形顶、扇形顶、柱状、卷边等。

细节特征包括：

沟道、辐射纹、同心纹、气泡、冻滴、分裂等。

接下来，让我们来尝试描述这些复杂的雪花：

星状、宽枝、树枝=带有宽枝树枝结构的星状雪花

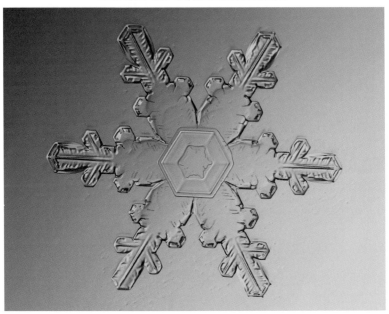

六边形+星状、宽枝、树枝=带有宽枝树枝结构的星盘状雪花

星状、细枝、锐角、树枝=带有细枝树枝结构的锐角星状雪花

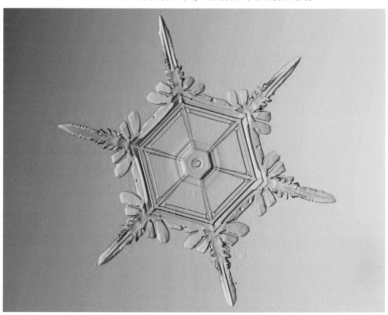

六边形+星状、细枝、锐角、树枝=带有细枝树枝结构的锐角星盘雪花

六边形+星状、细枝、锐角、树枝、分裂=带有细枝树枝结构的锐角星盘雪花（中心分裂）

六边形+扇形+星状、细枝、锐角=锐角细枝扇星盘雪花

左边：三角+扇形＝扇形三角雪花
右边：六边形+扇形+星状、宽枝、锐角＝锐角宽枝扇星盘雪花

上边：星状、细枝、树枝、扇形末端＝带有扇形末端的细树枝星状雪花
下边：星状、细枝、锐角＝细枝锐角星状雪花

新疆伊犁，鹅毛雪的故乡

大型雪花的形态，用肉眼很容易观察

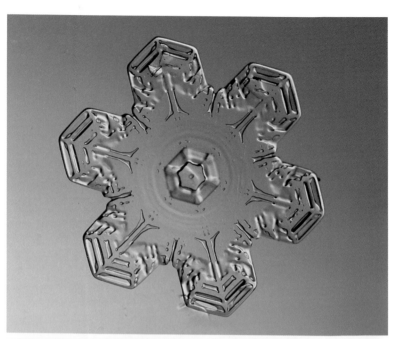

雪花的摄影

自从威尔森·本特利开启雪花摄影大门以来，世界上众多科学工作者、摄影师涉足这个题材，摄影的方式也多种多样。常见的摄影方式有3类：用一般相机微距镜头进行微距摄影，借助附加设备或特殊镜头进行超微距的放大摄影，借助显微镜进行显微摄影。

张超和王燕平在拍摄中

现代的微距镜头可以提供1∶2甚至1∶1的放大率，因此对于尺度在1 cm左右的大型雪花，可以直接采用镜头进行拍摄。同样，很多便携式数码相机，甚至手机使用附加镜头后也可以达到类似的效果，完全可以拍摄大型雪花。

尺寸在2 mm左右的中型雪花多需要借助4∶1以上的高倍率镜头，如超微距镜头、反接镜头，或者在镜头前加装附属镜头实现。

以上两种设备在拍摄时比较困难的问题在于无法方便变化倍率，而利用显微镜则较好地解决了这个问题。通常显微镜有三四个甚至更多的镜头可以切换，倍率可以快速从2倍延伸到20倍。而一般的雪花摄影，使用4倍和10倍两个镜头就能基本涵盖拍摄对象，加之显微镜稳定的载物台和方便的调节方式，使之成为雪花摄影师最爱的选择。

与相机的连接

相机与显微镜的连接主要有两种方式：目镜后摄影和直焦摄影。其中目镜后摄影适用于小数码相机、手机的快速拍摄，属于所见即所得的模式；直焦摄影多使用

8

玩起雪来

新疆果子沟雪岭云杉

单反相机机身直接与显微镜上的接口连接，直接使用显微镜的物镜镜头充当摄影镜头，有的情况下中间要结合其他光路元件。直焦摄影因为没有通过目镜放大，得到的倍率较低，这在雪花摄影中更为实用，因为显微镜物镜中，4倍比2倍镜头更容易购买，价格也便宜很多。单反相机的接口可以与显微镜专用接口连接，可以通过一个转接口安插在目镜口上，目前这种装置非常容易购买。

显微镜的选择

显微镜种类繁多，就雪花摄影而言，除了体视显微镜不适合使用外，其他类型的显微镜都可以用来拍摄雪花。由于雪花摄影属于户外摄影，也属于结晶体摄影，有3类设备我们经常使用：便携式生物显微镜、偏光显微镜、微分干涉显微镜（DIC显微镜）。

由于雪花摄影需要保证雪花不融化，这就需要显微镜系统温度足够低，起码和环境温度达到基本平衡，因此一台小型的全金属便携式生物显微镜是最为方便的选择。它会很快达到低温，并适合携带外出拍摄，缺点在于小型显微镜在户外寒冷环境下操作困难。

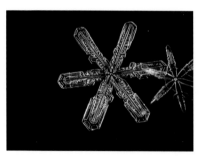

暗场拍摄

偏光显微镜是专门拍摄晶体的设备，对于很薄的晶体会产生斑斓的色彩，但对于大多数雪花而言，晶体厚度不足以产生干涉色彩，因此偏光显微镜多用于晶体生长初期的成像。

微分干涉显微镜属于大型专业显微镜，可以得到具有浮雕立体感、色彩多样的图像，是拍摄雪花很好的选择。但由于价格高昂，设备沉重，只有少数摄影师选择这类设备。

照明方式

户外显微摄影的照明往往需要借助移动光源，目前低功率的LED灯是很好的便携光源，即便在寒冷天气中也能保证几个小时的使用。

雪花显微拍摄的照明主要有两类：一类为落射光斜射照明，产生暗场效果，背景黑，主体为白色；另一类为投射光斜射照明，产生有立体感的透射效果，往往加装带有色彩的滤镜提高画面的层次。这种彩色滤镜类似莱茵伯格照明方式，由多色组成。简单的滤镜为双色滤镜，如蓝白两色，使得背景产生渐变，如果变为蓝白黑三色就会让画面层次大大增加。如果使用蓝红白黑四色滤镜，就能进一步提高色彩丰富程度。三色和四色的组合是目前国内外较为常见的选择。另外还有偏光拍摄、DIC拍摄等方式，此处不作过多讨论。

焦点堆叠

由于雪花晶体具有一定厚度，一些雪花还具有立体结构，在高倍摄影下会产生景深问题。使用微分干涉显微镜可以让景深变大立体感增强，但使用生物显微镜拍摄，有时会用到焦点堆叠技术，即拍摄物体的不同焦点，然后进行数字合成处理，目前从软件到技术都很成熟。

标本的清理

用显微镜拍摄雪花，多使用载玻片放置于空中，等待雪花落上后再进行拍摄。由于雪花经常会粘连、重叠，通常会使用简单设备，将单独的雪花剥离开拍摄。常见的选择有兔毛、昆虫针、玻璃针等。国外多采用兔毛制品进行操作，软硬程度合适，不会产生能将雪花震裂的高频振动。

雪花摄影技术从原理上难度不高，但这个领域却少有人尝试，原因在于普通的显微摄影属于实验室内摄影，而雪花摄影属于户外显微摄影，操控难度大大增加。另一方面在于雪花摄影需要在恶劣条件下进行，不少人对于寒冷望而却步，其实在如今，保暖、取暖技术比之前有很大提高，加上设备操控难度逐渐降低，相信会有越来越多的人加入到雪花摄影的队伍中来。

雪花标本制作

雪花精美而又脆弱，让人爱怜不已。为了记录雪花的形状，人们用手绘、用相机记录，但想将雪花永久保存下来，这几乎是不可能的。因为即便在很冷的环境下，雪花自己也会快速升华变形。于是人们发明了雪花印模技术，使用胶基将雪花形状固定，然后再将水分去除，最终留下了雪花形状的空壳子。

最传统的印模技术采用五氧化二磷和水制备一定浓度的磷酸，缓慢搅动后让雪花落在其中，由于磷酸在常温下是固体，因此待其升至室温，也可以保留雪花的形状。

如今制作雪花印模较为简便的方法是使用快干胶，当雪花落在玻璃片上后，滴上快干胶迅速凝固，然后在室温条件下让水分挥发，便可以制成标本。使用快干胶制作标本的关键在于胶水温度足够低，因为胶水固化时会释放热量，要保证其固化时不足以将雪花融化。另一个关键在于凝固后，需要将标本转到室温下让水分跑出去。如果此时内部的胶没有干透，那么就会产生变形等现象，很容易导致雪花制作的失败。

总体而言，雪花印模技术可以保存雪花，但实践也证明，拍摄印模的雪花并非能达到很好的效果，对于摄影来说，最好还是在雪地里进行拍摄。

封装的人工雪花标本

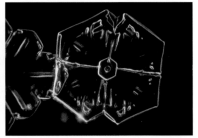

封装的天然雪花标本

玻璃窗上的羽毛状冰花